迎接慢生活

爱宠衣饰你最炫

她 品 主编

农村读物出版社

图书在版编目（CIP）数据

爱宠衣饰你最炫 / 她品主编. — 北京：农村读物
出版社，2012.6
（逆生长慢生活）
ISBN 978-7-5048-5585-5

Ⅰ．①爱… Ⅱ．①她… Ⅲ．①宠物—服饰 Ⅳ.
①TS976.38

中国版本图书馆CIP数据核字(2012)第094619号

策划编辑	黄　曦	
责任编辑	黄　曦	
出　　版	农村读物出版社（北京市朝阳区麦子店街18号　100125）	
发　　行	新华书店北京发行所	
印　　刷	北京三益印刷有限公司	
开　　本	787mm×1092mm　1/24	
印　　张	5	
字　　数	120千	
版　　次	2012年 9 月第1版　2012年 9 月北京第1次印刷	
定　　价	26.00元	

（凡本版图书出现印刷、装订错误，请向出版社发行部调换）

爱宠衣饰你最炫 **目录**

第一章
爱宠靓装基础篇

第二章
现代爱宠的流行前线

3

第三章

优雅爱宠的古典风情

第四章

最有型的爱宠小饰品

第一章　爱宠靓装基础篇

给爱宠做衣服
要准备些什么

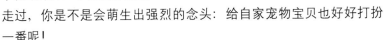

爱美之心人人皆有，每当看到穿着漂亮衣服的小宠物们神气地从你眼前走过，你是不是会萌生出强烈的念头：给自家宠物宝贝也好好打扮一番呢！

可是，当你抱着宝贝走进宠物服装店，各种难题却接踵而至：有的布料太硬，有的装饰太多，有的不太合身……真是苦恼啊！

如果你是个爱动手的手工达人，就用不着为这些发愁了。准备好布料和针线，加上一些装饰的小物件，很快，一件美丽的宠物靓装就能从你的手里诞生！

虽然只是小小的宠物衣饰，但想要做出宠物喜欢的漂亮衣饰，你需要以下这些材料：

布料

宠物衣服的布料需要柔软而又清爽，令宠物穿起来感觉舒适。此外，颜色最好选用鲜艳色，这样才能表现出宠物活泼可爱的风格。

缝纫机

某些衣饰的缝制可能无法完全手工完成，有时需要缝纫机来帮个忙。市面上有不少小型的缝纫机，它们都能胜任宠物衣饰的制作。

针线

使用针眼稍大的缝衣针，以及各种颜色的缝线，用来搭配不同颜色的布料。

软尺

软尺主要是用来给宠物测量身体各部位所需要的长度，以及对布料进行测量裁剪。

划粉

对布料进行裁剪时，需要用划粉来画线。

熨斗

为使衣物变得平平整整，电熨斗可是个不可缺少的好帮手，它能让宠物宝贝的衣饰变得服服帖帖。

丝带&蕾丝

如果你喜欢让宠物衣饰走华丽风格，绝对少不了各种装饰物。丝带和蕾丝就能瞬间营造出华丽高贵的感觉。

松紧带

松紧带质地疏松柔软，具有弹性，原料多采用锦纶弹力丝，能让宠物衣饰的大小有一定的灵活度。

魔术贴

魔术贴是最常见的布艺连接辅料，可以将宠物衣饰的两个部位粘连在一起，而且使用灵活，用手一拉就能分离，让衣饰非常便于宠物穿上和脱下。

量体裁衣，
做最合身的爱宠衣饰

人类买衣服要"量体而行"，给宠物宝贝们做衣服同样如此。宠物的身材各不相同，只有量好各部位的尺寸，才能做出合身又美观的衣饰。一般来说，给宠物测量身体包括以下几个方面：

胸围的测量

宠物衣服的胸围，是决定衣服是否合身的最关键部位。胸围过大，起不到保暖作用；胸围过小，会影响宠物活动。

测量方法：用软尺沿着宠物的肚子测量，取最粗部位的数值，并且稍微放松，留住约两个手指头的余量。

身长的测量

衣服过短未免有失美观，过长又不利宠物尾巴的活动。想想你的宝贝一摇尾巴就把衣服给掀起来的画面吧，那可真是糟糕透了！

测量方法：将软尺放在宠物脖子根部位置，沿着背部一直量到尾巴根部。

领围的测量

和宠物的胸围一样，领围也是决定一件衣服"成败"的关键，千万别让你的宠物被领口勒得透不过气来哦！

测量方法：将软尺绕宠物的脖子一圈，取最粗部位的数值，留住两个手指头的余量。

前后腿间距的测量

　　如果想要给宠物制作有"裤腿"的衣服，那么测量前腿到后腿之间的距离是必不可少的，而且一定要记得留出适当的余量。

　　测量方法：让宠物四腿直立，从侧面将软尺贴在它的身上，取前腿根部到后腿根部的数值，大约留出两个手指头的余量。

两腿间距的测量

　　衣服不能成为宠物的束缚，可不能让它们穿上漂亮衣服却畏畏缩缩地迈不开步子。所以，在给宠物"量体"时要细心！

　　测量方法：让宠物乖乖地四腿直立，用软尺横着测量其前左腿根部到前右腿根部之间的距离，同样要留出大约两个手指头的余量。

慎选面料，
爱宠衣饰舒适至上

　　要知道，给你的宠物做衣服，得同时考虑到舒适度和美观度，除了款式，面料也是一个重要方面。季节不同，给宠物穿着的衣服面料也要有变化；品种不同、性格不同的宠物，适合的面料也不同。到了节日或者是值得纪念的重要日子，宠物当然也要和你一样，穿得比平时更加漂亮、别致……我们来一一学习关于面料选择的知识吧！

根据季节选择面料

春秋季节气温适宜，是宠物宝贝们最喜爱的季节。这时候宠物的衣服布料应该厚度适中，颜色亮丽，此外，还要耐磨。因为这两个季节里，宠物的户外活动时间会大大增加。可以选择的布料有牛仔布、灯芯绒和丝绒等。

夏季天气炎热，单从保暖功能说，宠物们不需要穿衣服。但若穿一件漂亮的衣服，既可以让宠物们自由自在地在外面玩耍而不用担心弄脏发毛，又可以吸附它们身上掉下来的毛，一举两得，何乐而不为呢！可选择凉爽、透气性好、轻薄的布料，纯棉和亚麻类布料就很适宜。

冬季天气寒冷，给宠物们保暖是首选，其次还要舒适、美观。粗纺呢子和仿羊羔毛织物就是不错的选择，用纯棉面料或锦缎面料做成的小夹袄也很合适，里面可以用保暖透气的腈纶棉或者棉花来填充。

根据宠物性格选面料

有的宠物活泼好动，在家里会到处钻来钻去、上蹿下跳，在外面玩耍时则会"摸爬滚打"，喜欢追逐打闹。给这样的宠物选择衣服面料，最好是选择有弹性、耐磨耐脏的，这样既方便它们活动，主人也易于打理。颜色鲜亮、图案可爱的布料很适合它们。

有的宠物则生性闲散，有的像文静的淑女，有的像内向的小男生。给它们选择衣服布料，以舒适、华丽突出气质为主。除了可以选择纯棉布料、锦缎、丝绸之外，蕾丝、薄纱等布料作为点缀装饰也很不错。

10

节日缤纷的面料选择

节日的时候，颜色鲜艳、花色华丽的精致布料是首选。想象一下，过年的时候，给你的宠物穿一身锦缎面料的红色小棉袄，是不是显得又喜庆又高贵呢！或者圣诞节的时候，让你的宠物扮成一个可爱的小圣诞老人，穿着红色镶白边的呢子大衣，再戴一顶红色的帽子，这拉风的样子走出去绝对很吸引眼球。

贴身衣物的面料选择

宠物们的衣服与皮毛产生摩擦很容易产生静电，所以贴身衣物一定要选择纯棉面料，这样可以尽量减少或消除静电。

爱宠身材不一样，
衣服款式大不同

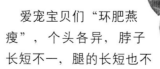

爱宠宝贝们"环肥燕瘦"，个头各异，脖子长短不一，腿的长短也不一样。针对不同"身材"的宠物，就要制作不同款式的衣服。总的来说，宠物的身材有这几种：

11

爱宠衣饰你最炫

脖子短的宠物

　　脖子短的宠物宝贝应该选择低领的衣服，小翻领和圆领都是不错的选择。当然也要记得衣领不要太高、太硬，这样会顶着它的脖子。此外，小披风这样的衣饰对于脖子短的宠物来说也是一件很适合的搭配单品。

脖子长的宠物

　　脖子长的宠物往往具有活泼好动的气质，并且总是看起来精神十足的样子。可以给它们准备高领的衣服，给它们的脖子适当装饰，让你的爱宠宝贝展现出更加别致的穿衣风格。

　　如果衣服的领子不够长，那应该是一件很糟糕的事情。你能够想象你的宝贝穿着短短领子的衣服，脖子露出一大截在外面的滑稽模样吗？所以，还是尽量做一个体贴的主人吧！

腿长的宠物

　　有些宠物拥有修长的腿，这种"高挑"的身材在宠物世界里特别惹眼，自然也需要最显身材的衣饰来搭配。腿长的宠物们，衣饰可以做得稍微华丽繁复一些，充分利用丝带、百褶花边等各种元素，衬托出宠物高贵的美感。

腿短的宠物

　　腿短的宠物一般看起来憨厚可爱，还有点儿笨拙。从服装上来说，应该以简单轻松的风格为主，避免繁复和累赘，否则会造成它们行动上的不便。而服装袖口也不要过长，应该稍短一些，给宠物的四肢留出充分的活动空间。

第二章

现代爱宠的流行前线

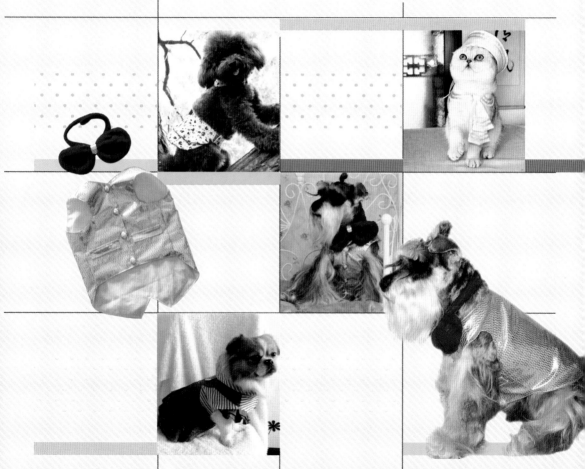

13

清新乡村

草莓
迷你裙

衣饰材料：

可爱草莓花布一块，魔术贴，针线。

　　有谁会不喜欢乡村里自然清新的空气？阳光从树叶的缝隙间洒落下来，仿佛还残留着清晨露水的气息，在闲暇的时间里，在大树下轻松地休憩片刻，对城市一族们来说就是最幸福的享受。

　　和你一样，狗狗也是喜爱亲近自然的家伙。狗狗陪伴着你，在钢筋水泥的城市森林里度过一个又一个春秋，你得不时带它外出游玩一番，呼吸呼吸大自然的新鲜空气，去雨后的郊外，在充满绿意的乡村田野里惬意地玩耍。郊游的时候，不妨给它穿上一套有着可爱草莓图案的迷你裙。点点粉红的温馨散落在裙间，那是狗狗独有的小浪漫和小清新。

15

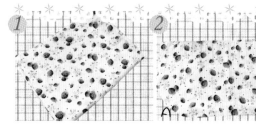

给力步骤：

1.准备好布料。

2.根据图样，裁出如图所示的一大块布料，作为裙身布料A，长度比宠物腰长稍短。

3.再裁出一块同样长度、但稍窄的布料，作为裙身布料B。

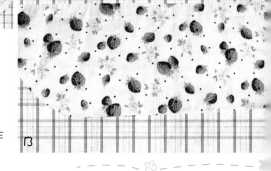

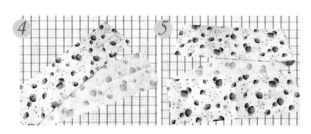

4.裁出一长条布料，作为裙腰，长度为宠物腰长的2倍。

5.另裁出一长条布料，作为围脖，长度为宠物颈部周长的3倍。

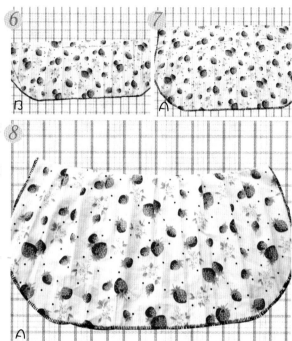

6.将裙身布料B用红色的线进行锁边。

7.将裙身布料A用红色的线进行锁边。

8.在裙身布料A上均匀打褶。

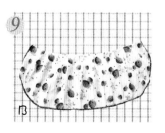

9.在裙身布料B上用同样的方法均匀打褶。

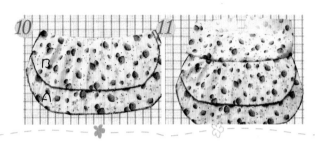

10.将裙身布料B、A叠放在一起。

11.将裙腰放在如图所示的位置，与两片裙身缝在一起。

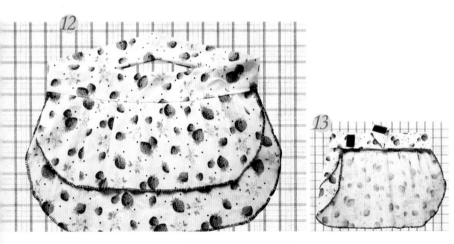

12.将裙腰翻下缝好。

13.再在裙腰的两头缝上魔术贴。

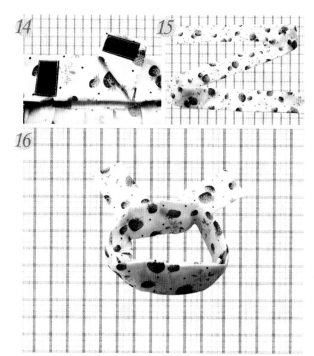

14.缝魔术贴的过程中注意，不要将其缝反。

15.将步骤5裁出的围脖布料对折，反面朝外缝合，然后翻到正面为长条状，用熨斗熨平。

16.将长条状的围脖系成如图所示的样式。

17.注意让围脖保持平整。

18.最后将围脖和短裙放在一起，可爱的乡村风格草莓迷你裙就完成了！

※本作品制作由付强提供

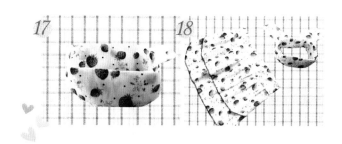

~ 喵

海军装，

永远流行的
元素

衣饰材料：

白色斜纹布、白色衬布各若干，
2厘米宽白色丝带40厘米，0.3厘米蓝
色宽细丝带2米，透明子母扣2对。

**爱宠
心情**

　　我家宝贝是宠物世界里最具塑造性的模
特。无论是中古世纪的贵妇装，黑白电影时
代的"赫本装"，还是当今不断变幻的各种
流行服饰，她都绝对能演绎得让人惊叹不已。

　　每年的春夏之交，怀旧的文青们就都叫
嚷着大行"海魂风"了，蓝白、粉白条纹的T
恤，白色的帆布鞋，清清爽爽，人见人爱。我们的爱宠也不能
落后呀！该给你的宝贝准备好一套海军装了吧！

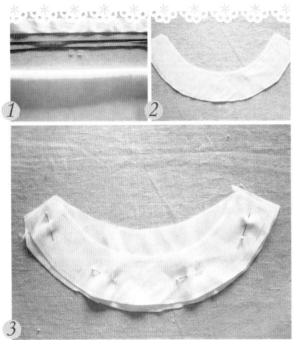

给力步骤：

1.准备好材料，其中白色宽丝带需要剪下40厘米，蓝色细丝带需要2米。

2.裁剪帽子的外沿，可提前用纸裁剪出1/4圆环，内周长等于需要的头围长度，宽约5厘米，然后用铅笔在斜纹布的背面轻轻描出轮廓后裁剪。

3.裁剪下来的外沿和斜纹布正面相对，用珠针固定，沿着外径缝合后剪去多余的材料。

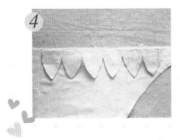

4.制作帽顶的纸样，头围的长度折叠6等分后，裁成花瓣状，高8厘米，展开后分别描在斜纹布和衬布上，并裁剪下来。

5.白色丝带裁成20厘米长，一端剪成燕尾，可用打火机快速烧灼以防止脱丝。帽子部分材料裁剪完毕。

6.斜纹布正面对折，在背面画出披肩的轮廓，最宽部分15厘米，最窄部分5厘米，内侧弧线的长度是1/2领围，并进行裁剪。

7.裁剪好的部分展开后和斜纹布正面相对，用珠针固定。

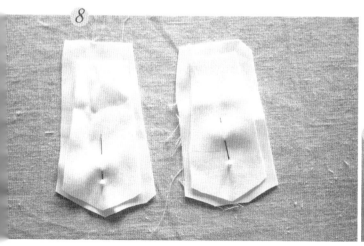

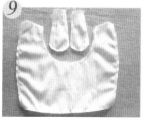

8.裁2片斜纹布，最宽部分4厘米，上部略窄，高12厘米，并用珠针和斜纹布固定。

9.按图，缝合后裁去多余部分并翻回正面。

10.缝合帽顶的斜纹布和衬布。

11.在斜纹布上如图缝合上白色丝带。

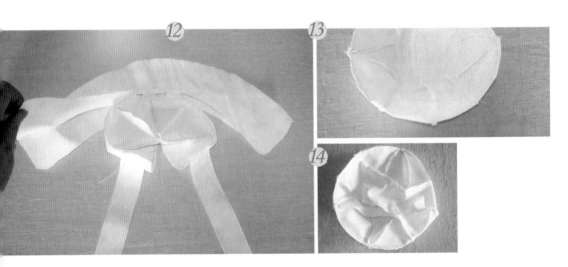

12.缝合帽顶和帽沿，衬布缝合在另一片帽沿上。

13.缝合余下开口部分。

14.在衬布上留一小口，从此口翻转过来。

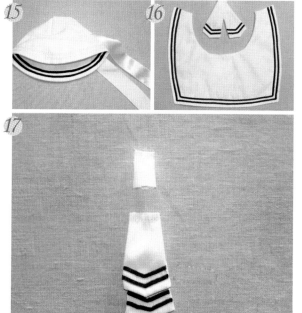

15.在帽檐的内侧车上蓝色的细丝带。

16.然后在披肩上也车上蓝色的细丝带。

17.如图，错开一定距离，缝合后裁下比较长的部分。

18.裁剪下来的小布片翻转过来，缝合上剪断的位置，然后再翻回正面。

19.如图缝合。

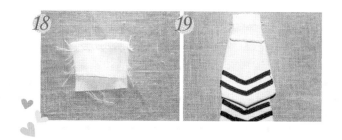

20.缝合后将小布片翻上去。

21.缝缀上子母扣后，把装饰性的飘带缝缀在扣子的正面。

22.至此完工，如图。

23.也可尝试制作不同颜色。

※本作品制作由老姐提供

麻豆示范

乐活延伸

如果你是"制服控"，相信这套海军风的小衣服立刻就能吸引你的眼球！当你的宠物装扮成小海军的样子，神气活现地戴着一顶海军帽在屋子里走来走去，看到这个画面，你忍不住就会快乐起来了吧！

花时间：30分钟

成本：3元

乐活指数：★★★★☆

惊艳指数：★★★★★

闪亮亮的
黄金甲

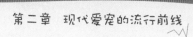

爱宠
心情

小马甲是宠物世界里永远不会过时的流行元素，它方便小巧，无袖的设计让宠物行动起来更加灵活，又能与一切流行元素搭配。闪亮惹眼的色泽更能在第一时间抓住你的眼球，让你的宠物宝贝成为最耀眼的小明星！

衣饰材料：

金色织料若干，装饰兜口用料少许，扣子4枚，红丝绒布少许，衬布。

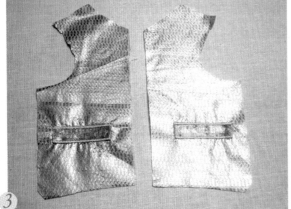

给力步骤：

1.准备材料。

2.按预先计算好的尺寸裁剪出金色织料和衬布。

3.如图，在金色织料的前胸部分装饰上兜口。

4.缝合前后片的肩缝，衬布也缝合相同的位置。

5.如图中所示位置，将金色织料和衬布进行缝合，然后将衣服翻到正面。

6.缝合侧缝。

7.将衣服翻回反面，缝合下摆后翻回正面。

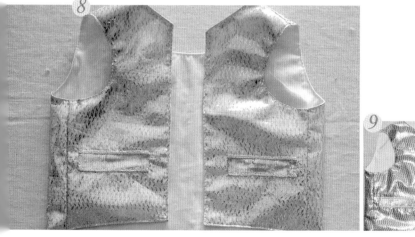

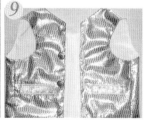

8.在衣服边沿再车一次明线。

9.钉上扣子，锁扣眼，衣服完工。

10.如图裁剪，缝纫领结。

11.翻回正面，用针穿过中心线。

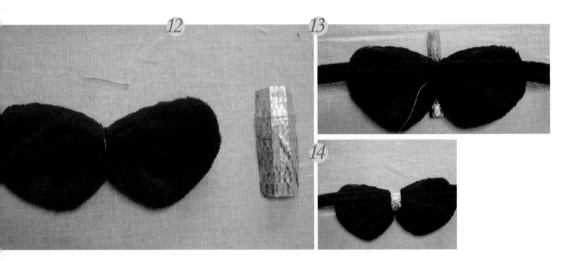

12.收紧线。用衣料布裁出一小块长方形并折叠。

13.用折叠好的金色织料包裹领结和颈带。

14.缝合金色织料，在领带的2端钉上暗扣，领结完成。

※本作品制作由老姐提供

麻豆示范

乐活
延伸

小马甲很适合体型较矮小、有个性的宠物，因为这类衣服穿起来束缚较少，方便活动，而且也更能体现你的宠物与众不同的风格。

花时间：40分钟

成本：5元

乐活指数：★★★★★

惊艳指数：★★★★★

水手T恤，
阳光与海水
的味道

衣饰材料：

蓝色条纹针织面料，白色针织螺纹面料，背胶装饰布贴，魔术贴。

爱宠心情

"他说风雨中，这点痛算什么，擦干泪，不要怕，至少我们还有梦。"这熟悉的歌词让我们仿佛闻到了阳光与海水的味道，随之而来的还有我们的回忆。

1.准备好材料。

2.画样：根据狗狗的身长、胸围，画出图样，剪下后放在狗狗的身上大体比量一下，确定最后的图样，铺在面料上。

3.剪裁：根据图样在不同的面料上剪裁下需要的布料。后身一片，前身两片，袖两片，兜片一片，袖螺纹两片，领螺纹两片，兜口螺纹两片。

4.缝合袖口螺纹。

5.缝合兜：兜口上螺纹、兜片中线与后身衣片中线重合固定。

6.缝合领，打明线。

7.合肩：将前片与后片的肩线缝合起来。

8.上袖：分清袖片前后，顺袖窿缝合（袖山高为后）。

9.合袖缝及侧缝。

10.上领打明线，前片搭门缝魔术贴。

11.后身兜片贴装饰贴，并做适当固定。

12.整烫，完成。

※本作品制作由静艺手工坊提供

麻豆示范

乐活延伸

　　你的宝贝穿上这件水手衫是不是看起来充满活力呢？和水手衫搭配的还有白色的水手帽和白领巾，试试给它配上吧，效果肯定很不错！若恰逢周末，带宝贝到海边溜一圈，那让人艳美的感觉肯定超棒！

花时间：25分钟

成本：3元

乐活指数：★★★★☆

惊艳指数：★★★★★

39

青春洋溢

牛仔
连衣裙

爱宠
心情

夏天到了，又到了各色的裙子争奇斗艳的时节。你的爱宠宝贝也需要一条青春洋溢的裙子哦！粉色的条纹，清凉的薄牛仔，简单的材料加上你的精心巧手，一件美貌的连衣裙就诞生了！

衣饰材料：

粉色条纹针织面料，薄型牛仔面料，魔术贴，背胶布贴。

给力步骤：

1.准备材料，牛仔面料不要太厚。

2.画样：根据狗狗的身长、胸围，画出图样，剪下后放在狗狗的身上大体比量一下，确定最后的图样，铺于面料上。先画好上身的图样。

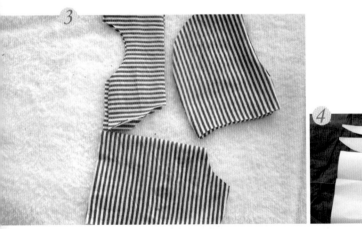

3.根据上身图样，在红色条纹针织面料上剪裁下所需要的布料。帽子4片，后身1片，前身2片，大小袖片各2片。

4.画好下身的图样。

5.根据下身图样，在薄型牛仔面料上剪裁下所需要的布料。大小裙摆各1片，腰带1片，背带2片，心形装饰2片。

6.缝合帽片：将帽子的布片两两相对缝合后再合在一起，沿边打明线。

7.缝合袖片。

8.将裙摆打好明线。

9.缝合背带，并且缝上心形的装饰。

10.贴装饰物，上背带：将装饰布贴贴于心形装饰上，并且进行适当的加固，背带交叉放于后身衣片上，注意交叉中心应与后片的中心线重合，将背带及装饰缝于后身衣片上。

11.然后合肩：将前片与后片肩线缝合。

12.上袖：将袖片一大一小重合，找出中心点，做皱褶，袖中心点与肩缝重合，顺袖窿上袖，整个袖窿打明线。

13.缝合侧缝。

14.上裙摆：上下裙片重合，做皱褶，使其长度与上身下摆相同，缝合上身与裙摆。

15.上腰带。

16.装魔术贴：按照前片的长度选择合适长度的魔术贴缝于前身搭门处，完成。

※本作品制作由静艺手工坊提供

麻豆示范

乐活延伸

　　对于"女生"宠物们来说，裙子是它们必有的美丽装备。一件漂亮的衣服不仅能给看到的人带来愉悦的欣赏享受，也能让宠物感受到这种被关注、被赞赏的"明星"般的感觉。体现出你这个主人对宠物的浓浓爱意！

花时间：45分钟

成本：5元

乐活指数：★★★★★

惊艳指数：★★★★★

第三章　优雅爱宠的古典风情

娴静气质，
何其"淑"也
——小茶女

衣饰材料：

蓝印花布，纱质花布，中式花边，暗扣，衬布。

爱宠心情

我家的喵喵肯定是一只双子座的猫，它有时候上蹿下跳闹腾得翻天覆地，有时候却又装模作样地扮作淑女，简直判若两"猫"。

我给喵喵做了一件小茶女的衣服，它好像是懂了这衣服似的，乖乖地让我给它穿，穿上之后也一点都不闹腾了，走起路来更是轻手轻脚。瞧，现在它静静地卧在茶桌上，好奇地凝视着大家，模样真是可爱极了！

给力步骤：

1.准备好布料等材料。

2.将蓝印花布按图所示进行裁剪，同尺寸裁剪衬布。

3.将纱质花布对折后按图所示裁剪出裙摆。

4.将裙摆开口部分缝合。

5.完成领子的缝合，将偏襟和主体缝合。

6.按图所示车上中式花边。

7.将领子和主体缝合。

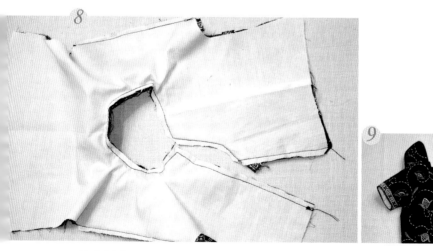

8.缝合衬布和主体，然后翻转回正面。

9.缝合衣服的一边侧线。

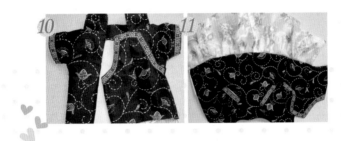

10.缝合衣服的另一边侧线。

11.先将裙摆和蓝印花布缝合后翻回反面。

12.将衬布和蓝印花布缝合。

13.然后再翻回正面。

14.最后,给茶女装钉上暗扣,贤淑的宠物茶女装就做好了。

※本作品制作由老姐提供

这套衣服比较耗时间的地方就在于缝合和车中式花边上，这可很考验衣服裁剪的功力和缝纫的技术哦！缝合时要注意前胸、后背和袖子之间的正反拼合。

麻豆示范

花时间：45分钟

成本：4.5元

乐活指数：★★★★★

惊艳指数：★★★★★

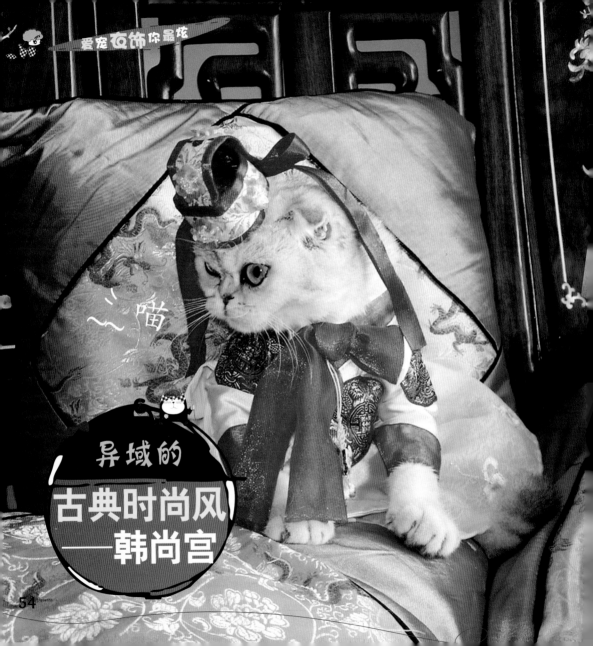

喵~

异域的
古典时尚风
——韩尚宫

衣饰材料：

团花织锦缎，粉色丝缎，粉色硬纱，红色软纱，绣囊，白色衬布，白色丝带。

爱宠心情

穿遍了中式衣服，你的爱宠宝贝也该尝试一下异域风情了。是可爱诱人的"阳光小美女"，还是明艳亮丽的"小艺伎"，抑或是端庄优雅的"韩尚宫"？这就要看你的设计功夫和手上功夫了。先来试一试韩国的古典风尚吧！

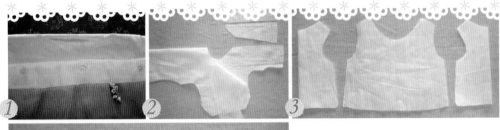

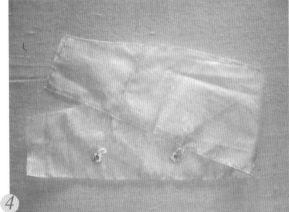

给力步骤：

1.准备材料。

2.按图分别裁剪粉色丝缎和白色衬布。

3.按图裁剪白色衬布2份。

4.按图裁剪硬纱。

5.分别缝合粉色丝缎和白色衬布门襟的小片。

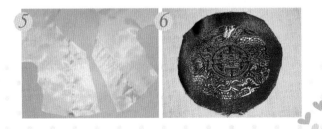

6.将团花织锦缎裁出4片，注意适当保留图案外部分织物。

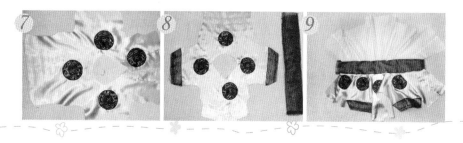

7.将团花缝合在前襟、后背和肩头的位置。

8.用红色软纱装饰袖口，并裁取适当长度和粉色硬纱缝合后作为领子。

9.将领子分别与粉色丝缎和白色衬布的领口部分缝合。

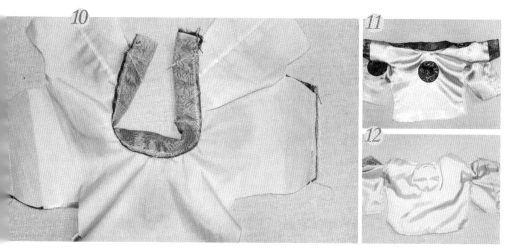

10.缝合门襟和袖口，剪掉多余领子的材料后翻回正面。

11.缝合两边的侧线。

12.翻到反面，缝合底边后再翻回正面。

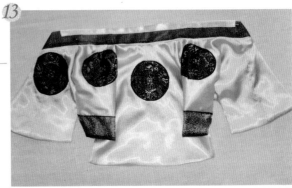

13. 在领口装饰上白丝带。

14. 用红色软纱缝制1根长带子，打结后和绣囊一起缝在胸口，钉上暗扣。

15. 先缝合裙子上身的肩缝。

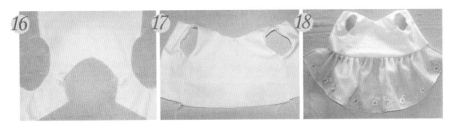

16. 将两份叠合在一起，缝合门襟领口和袖隆后翻回到正面。

17. 缝合两道侧线。

18. 将裙摆和上身缝合后钉上暗扣。

19. 完工的效果。

※本作品制作由老姐提供

乐活延伸

　　锦缎、丝缎和纱带都是很容易变得疏松的面料。因此，裁剪之后、缝制前都要用打火机烧过边缘之后，才可以避免这个问题。

花时间：50分钟

成本：5.5元

乐活指数：★★★★★

惊艳指数：★★★★★

麻豆示范

月朦胧，

鸟朦胧——

月桂公主

爱宠心情

《罗马假日》里美丽顽皮的安妮公主给我们留下了深刻的印象。而在古老的希腊神话中，月桂女神达芙妮与太阳神阿波罗之间亘古不变的爱情也同样令人感动。有没有想过让你的爱宠变身成一位美丽的月桂公主或流连在假日的悠闲和慵懒里的公主？那可是魅力十足呢！

衣饰材料：

玻璃纱、软纱少许，镂空花布花边、白色花边若干，大号装饰珍珠3颗，暗扣5对。

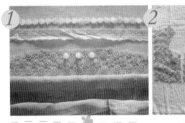

给力步骤：

1. 准备材料。

2. 按图裁剪出上身部分用料。

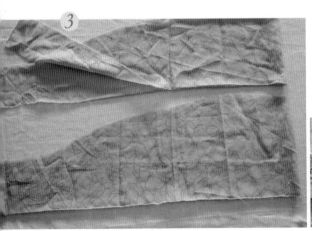

3. 将软纱对折后裁出裙摆，注意两条裙摆的纵向长度相差2厘米。

4. 先把部分花边按图缝合。

5.按图缝合装饰花边。

6.在后背和一侧前胸的花边上再装饰上白色花边。

7.缝合肩缝。

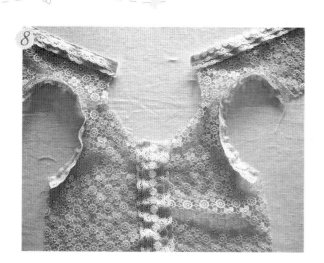

8.在毛边部分缝合上花边。

9.如图装饰上白色花边，然后缝合侧缝。

10.缝合后的效果。

11.把花边按2:1的长度抽成实际需要的领围的长度，缝合在领口的位置。

12.给裙摆装饰上花边。

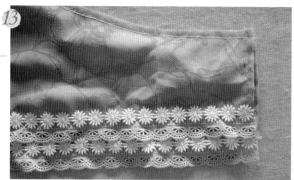

13.如图，在花边之上再装饰白色的花边。

14.把裙摆和上身缝合在一起。

15.在腰线和领围上装饰白色的花边。

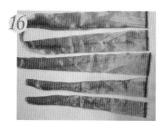

16.裁剪玻璃纱：150x20厘米1条，80x20厘米1条，70x20厘米2条，如图缝合后翻转到正面。

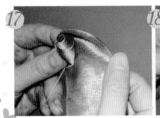

17.先用80x20厘米的材料盘绕花朵，从较窄的一段开始，左手带动材料顺时针旋转，右手向外翻折。

18.盘绕1～2圈后用针线在底部固定好。

19.盘绕结束后在花中心钉1颗装饰珍珠。然后按此方法盘绕70x20厘米的材料。

20.如图把盘绕好的花和纱带装饰在裙装腰部，钉上暗扣，裙子完工。

※本作品制作由老姐提供

乐活延伸

我们亲手为爱宠打造的这一身公主衣，和我们小时候做的公主梦一样，华丽、梦幻又精致。这种肉桂色充满了浓浓的少女气息，如果换成白色，会更添纯洁、美丽，不妨试试吧！

麻豆示范

花时间：45分钟

成本：5元

乐活指数：★★★★★

惊艳指数：★★★★★

和善喜庆

有贵气
——小地主

衣饰材料：

红色缎子，红团花锦缎，黑色丝带，红色编结绳，亚克力亮钻，小号暗扣，衬布。

爱宠心情

现在的小地主可不是以前那种飞扬跋扈、撒泼耍赖的可恨形象了。我家的小地主呀，和善、喜庆又贵气，对每个人都很友好。它会撒娇，会故意耍赖，但也会做一些让我感动的事情：我生病了，它会安静地蜷在我身边，给我温暖；我伤心了，它会用爪子摸摸我的脸，给我安慰……这样一个小地主，真是我的乖宝贝！

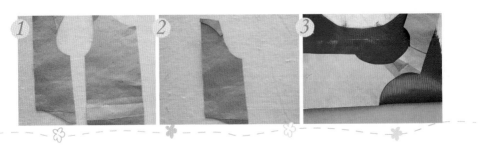

给力步骤：

1.先用卡纸裁剪出衣服的基础样子。

2.把前胸的纸样按图进行折叠。

3.在红团花锦缎找出图案的中心线后对折，按纸样进行裁剪。把前胸的纸样折叠部分打开，在标注位置折叠，并和后背纸样的肩部拼接后进行裁剪。

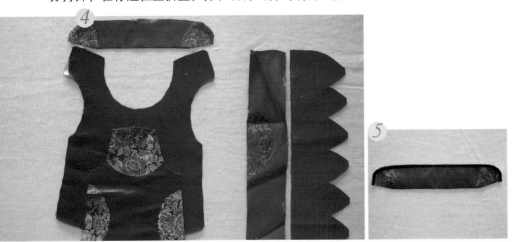

4.用红团花锦缎裁出领子和瓜皮帽的饰边，注意花纹的对称性，红色段子裁出帽顶。

5.先把领子和衬布缝合后，再车缝上黑色细丝带。

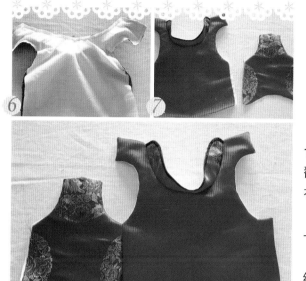

6.将领子和后背部的红缎缝合，然后按图缝合后背的衬布，并翻回正面；缝合前胸的花锻和衬布，再翻回正面。

7.用红缎裁剪剩下的碎料，做一条略短于侧线的小布条。

8.按图缝合前身和后背的侧线，以及小布条，然后缝合下摆。

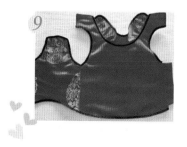

9.在衣服的边沿车缝上黑色细丝带。

10.缝合一侧胸襟。

11.用编结绳做出纽扣，按图缝缀上纽扣及暗扣，衣服完工。

12.先把花锻饰边和红缎缝合，再缝合5道弧形线段，衬布也预先缝合5道弧形线段。

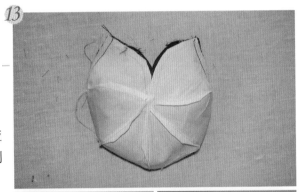

13.按图缝合衬布和红缎。

14.按图缝合余下的敞开部分。

15.翻回正面整理平展，钉上亚克力亮钻及帽顶的纽扣，瓜皮帽制作完成。

※本作品制作由老姐提供

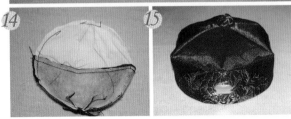

乐活延伸

> 麻豆示范

看着花团锦簇的"小地主"在一堆华丽丽、金灿灿的"元宝"中玩耍，是不是觉得很喜庆、很富贵、很可爱呢？这一套"小地主"服装既有小马甲，又有小帽子，实在很符合"地主"形象。你还可以自由发挥，给小瓜皮帽加上一根假辫子，宠物戴着会更有趣！

花时间：50分钟

成本：6元

乐活指数：★★★★★

惊艳指数：★★★★★

73

跳跃着

阳光的——
孔雀公主

喵

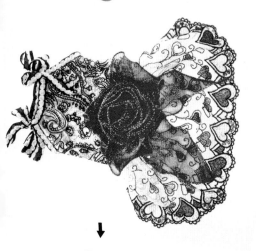

从来没有想过你的宠物宝贝也可以扮成一位这么漂亮的"孔雀公主"吧？在阳光下、花丛中跳跃着的它，原来是这般美丽，如同欧洲中世纪的贵族公主一般。挑一个天气晴好的夏季清晨，带着它去花园里玩耍，没有比这更加美妙的事了。

衣饰材料：

比较宽的透纱花边，条纹花布，透纱花布，纱织花朵，暗扣1对。

爱宠衣饰你最炫

给力步骤：

1. 准备好材料。

2.分别裁剪出上身的前后片、裙摆和宽窄2条布。

3.用较窄布条包裹门襟。

4.缝合上身的前后片。

5.用较窄布条包裹图纸所示位置。

6.用较宽布条包裹领口位置。

7.把裙摆和上身缝合。

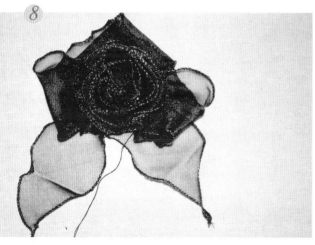

8.将纱织花朵整理成如图所示的形状。

9.将纱织花朵钉在腰部,并将领口部的布条扎成蝴蝶结,钉上暗扣,完工。

※本作品制作由老姐提供

乐活延伸

　　这件"孔雀裙"实际上是一件披风，只不过是做成了裙摆的样子，然后在背部的位置又加上了一朵纱织花朵，所以就更加像一条漂亮的裙子。衣服的款式有很多，就看你想设计成什么样的了。在给宠物做衣服的过程中，你会发现，原来自己的创造力是这么的厉害！

花时间：45分钟

成本：5元

乐活指数：★★★★★

惊艳指数：★★★★★

麻豆示范

第四章　最有型的爱宠小饰品

79

优雅灰粉
花朵流苏蕾丝项圈

爱宠
心情

作为一只贵妇犬，优雅的气质当然是必须要有的。我总是把我家的宝贝当作一位真正的"贵妇"来"伺候"，定期修剪毛和指甲，时不时地换衣服，换鞋子，就连项圈也要不失时机地和衣服鞋子搭配起来，这样才是真正的"贵妇范儿"，不是吗？

衣饰材料：

粉色绸带宽、细各1条，灰色雪纺纱带1条，印花宽螺纹带1条，粉色装饰仿真花1朵，白色流苏花边1条，塑料插扣1个。

给力步骤：

1.制作所需材料，按照需要测量裁剪。

2.用打火机将绸带烤边备用，这样可以防止脱线。

3.将雪纺纱带Z字形打褶后缝在流苏花边上。

4.一边打褶一边缝制，一次完成。

  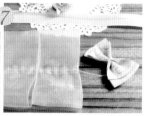

5.准备印花宽螺纹带，剪成一长一短两段。

6.叠在一起两端向内平针缝制，将线抽紧打结成双层蝴蝶结。

7.将两条更长的雪纺纱带两端向内平针缝制。

8.将线抽紧打结，整理蝴蝶结外形。

9.找到仿真花下部的塑料花茎套管，用剪刀将其贴着底部剪掉。

10.将剪下来的塑料管，用剪刀剪成两半。

11.将线从仿真花底部小孔穿入，穿过一小截塑料管后原路返回。

12.用细绸带做一个蝴蝶结，串在仿真花和大蝴蝶结中间。

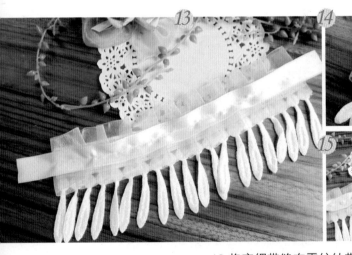

13.将宽绸带缝在雪纺纱带中间。

14.两端安装塑料插扣。

15.将做好的蝴蝶结缝在花边中间，用热熔胶固定珍珠贴钻，制作完成。

※本作品制作由琪琪格手工坊提供

乐活延伸

相对而言，这款项圈比较容易，更适合手工新手来做。但也不要小瞧了这个小项圈，蝴蝶结的制作可谓是成败的关键。一只漂亮的蝴蝶结要做得端正、对称，可不能马虎了事！

麻豆示范

花时间：25分钟

成本：4元

乐活指数：★★★★☆

惊艳指数：★★★★★

85

华丽蕾丝

珍珠蝴蝶结
项圈

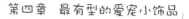

衣饰材料：

浅紫色宽绸带，其他同色系缎带若干，白色、浅紫、深紫蕾丝若干，细螺纹带一小段。

亲爱的女孩，你喜欢珍珠吗？一颗颗珠子圆圆的、小小的、有着瑰丽的色彩和高雅的气质，象征着健康、纯洁、富有和幸福……如果用珍珠为自己最心爱的小宠打扮，自然也别具味道。

要知道，爱美可不是我一个人的事。宝贝在耳濡目染之下已经到了不打扮就不出门的地步，缎带、蕾丝、花朵，华丽的风格是它的最爱。我也乐得发挥创意，为它设计独一无二的衣饰。

87

给力步骤：

1.准备好所需要的材料。

2.按照宠物的身材，进行测量和裁剪。

3.使用打火机，将绸带进行烤边备用，这样可以防止脱线。

4.将浅紫色宽蕾丝花边进行S形打褶，并在上部缝制好。

5.注意打褶要均匀。

6.将浅紫色绸带对折，刚缝制好的蕾丝夹在中间。

7.用珠针固定好如图所示的位置。

8.将两者叠在一起缝制。

9.缝线要靠近浅紫色绸带的边缘。

10.将浅紫色绸带开口端翻到反面。

11.用平针缝好。

12.翻回正面，压平。

13.将深紫色宽蕾丝花边进行S形打褶，并在上部缝制好。

14.需要注意的是，打的褶要比浅紫色蕾丝花边大。

15.将打好褶的深紫色宽蕾丝花边夹在浅紫色绸带中，用珠针固定位置。

16.靠近边缘平针缝制。

17.将浅紫色蕾丝花边翻下来。

18.用珠针固定位置。

19.靠近边缘平针缝制。

20.将白色蕾丝花边按SZ形打褶，一边打褶一边缝制到浅紫色蕾丝花边上部位置。

21.缝线在白色蕾丝花边中间，打褶要均匀。

22.印花绸带需要两段稍长，一段稍短。

23.印花绸带两端向内对折，然后用珠针固定位置。

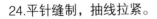

24.平针缝制，抽线拉紧。

25.加纱绸带也需要两段稍长，一段稍短。

26.两端向内对折，用珠针固定位置。

27.平针缝制，抽线拉紧。

28.将3个印花绸带蝴蝶结和2个较大的加纱绸带蝴蝶结组合。

29.将成对的蝴蝶结缝在一起。

30.将3层蝴蝶结叠在一起，然后缝好。

31.将方格绸带一端右侧打褶。

32.两端向反方向打褶。

33.将其包裹在蝴蝶结中心，背面用热熔胶固定。

34.将一小段方格绸带卷成小卷。

35.将其缝在剩下的最小号加纱绸带蝴蝶结中间。

36.用一小段细螺纹带包裹中心，背面用热熔胶固定。

37.将制作好的大小两个蝴蝶结缝在蕾丝花边的中间左右
两侧。

38.为使其更牢固，可以用热熔胶加强固定。

39.将白色和粉色的珠子仿珍珠间隔串起，缝在两个蝴蝶结下面。

40.在浅紫色绸带两端安装塑料插扣。

41.也可以安装磁力吸扣，或者四合扣。

42.项圈制作完成。

※本作品制作由琪琪格手工坊提供

乐活
延伸

麻豆示范

不热爱生活的人是无法体会到这种乐趣的。柔软的蕾丝和缎带在指尖游走，细密的针线穿过，将它们串联在一起。还可以翻动手腕，把一条简单的缎带盘成可爱的蝴蝶结。就算是原本不会做手工的人，看过之后，也很想要尝试一番吧！

花时间：40分钟

成本：4.5元

乐活指数：★★★★★

惊艳指数：★★★★★

爱宠衣饰你最炫

粉嫩蕾丝

花朵
宠物项圈

98

热爱宠物的你，就算是对爱宠的项圈肯定也不会马虎。而作为一位有气质、有品位的"小美女"，你的爱宠宝贝肯定也会需要一条美丽的项圈，好让它从"狗群"中脱颖而出，艳压群芳！

衣饰材料：

粉色宽绸带1根，白色斑点窄绸带1根，粉色蕾丝1段，绯红色装饰花1朵，暗扣2对，铃铛1颗。

给力步骤：

　　1.制作所需材料，按照需要测量裁剪。

　　2.用打火机将绸带烤边备用，这样可以防止脱线。

　　3.使用3段宽绸带和2段窄绸带制作蝴蝶结，窄绸带相对略短。

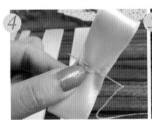

　　4.将绸带两端向中间对折，用平针法缝制。

　　5.将3段宽绸带用平针缝在一起。

6.将线抽紧打结，整理蝴蝶结外形。

7.同样方法将窄绸带平针缝好。

8.将线抽紧打结，整理蝴蝶结外形。

9.找到仿真花下部的塑料花茎套管。

10.用剪刀将其贴着底部剪掉。

11.将剪下来的塑料管剪成两半。

101

12.将线从仿真花底部小孔穿入，穿过一小截塑料管后原路返回。

13.将线抽紧把仿真花固定在蝴蝶结中间。

14.将做好的蝴蝶结缝在蕾丝花边中间。

15.在蝴蝶结的底部缝上一个铃铛。

16.将四合扣安装在蕾丝花边两端。

17.调整四合扣扣起时花边的角度。

※本作品制作由琪琪格手工坊提供

乐活
延伸

麻豆示范

粉嫩的蕾丝花朵谁看了都会夸漂亮。在天气晴好的春天里带着宠物出游，可不得好好给它打扮一下嘛！这种项圈比较适合体型小巧的宠物，还可以根据宠物的衣服搭配换成其他的颜色。

成品图

花时间：25分钟

成本：3元

乐活指数：★★★★★

惊艳指数：★★★★★

103

欢快音符

深紫玫瑰
蕾丝项圈

爱宠
心情

亲爱的小狗，你知道吗？和你在一起的日子，每一天都像是活在音乐的世界里，欢快的音符在心中跳跃。对我来说，你是家人一样的存在，让我的生活变得丰富而又圆满。

很幸运，我们在这个世界上相遇；很幸运，你虽然不懂言语，却懂得我的心情；很幸运，在我最沮丧忧郁的时候，总有你带来快乐的音符；很幸运，我们能一起度过这么多的时光，以后也要一起走下去。

衣饰材料：

深紫色绸布1块，深紫色绸带1根，紫色渐变纱带1条，印花雪纺纱带1条，白色音符宽蕾丝1条，紫色铃铛2个。

给力步骤：

　　1.将制作所需的材料按照宠物所需要的尺寸进行测量、裁剪。

　　2.使用打火机，将绸带烤边备用，可以防止绸带在制作过程中脱线，影响美观。

　　3.将白色宽蕾丝花边按照Z形打褶，并在上部缝制好。

　　4.过程中需要注意，打褶一定要均匀。

5.取深紫色绸带和印花雪纺纱带，纱带长度应该是缝好蕾丝的1.5倍，绸带长度应该是纱带的约2倍。注意如果是制作暗扣款，则绸带与纱带长度相同。

6.将两者对折，中心对齐，缝在一起。

7.一边Z形打大褶，一边用珠针固定在缝好的蕾丝上。

8.叠在一起缝制。

9.缝线在深紫色绸带中间。

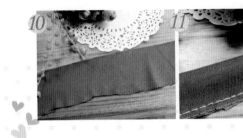

10.将深紫色绸布裁剪成长条。

11.在反面对折后用平针缝好。

12.将布卷返回正面。

13.从布卷左端用左手向下翻折90°。

14.将布卷翻折下来的部分向内卷起来。

15.用右手将布卷向下翻折。

16.在这个过程中，注意每翻折一下，左手就向右卷一点。

17.最终卷成一朵绸布花，反面用针线或者热熔胶固定，一共做一大一小两朵。

109

18.取深紫色绸带一小段。

19.两端向中心对折，用珠针固定。

20.用平针疏缝，将线抽紧打结。

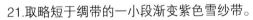

21.取略短于绸带的一小段渐变紫色雪纱带。

22.同样两端向中心对折，用珠针固定。

23.用平针疏缝，将线抽紧打结，缝在绸带蝴蝶结上面。

24.在蝴蝶结中心用热熔胶贴一个梅花形仿珍珠贴片。

25.将两朵绸带花缝在蕾丝中心偏左的位置。

26.将小蝴蝶结缝在两朵花之间。

27.在蝴蝶结下面串上两个铃铛。

28.如果要制作绑带款，就将长出的绸带两端剪成燕尾口并用打火机烤边。

29.如果要制作暗扣款，就在绸带两端安装四合扣或暗扣。

30.项圈制作完成。

※本作品制作由琪琪格手工坊提供

乐活
延伸

▶麻豆示范

缀着音符的白色蕾丝项圈真是一件充满爱意的作品。用欢快的音符来形容我们和宠物之间的关系再合适不过了。或者，你想要更多亮丽的元素，不妨把蕾丝换成亮片，一样能让你的爱宠宝贝闪亮得像个明星。

花时间：30分钟

成本：3元

乐活指数：★★★★★

惊艳指数：★★★★★

魅惑渐变
紫色蝴蝶结
项圈

衣饰材料：

深紫色宽绸带1条，深紫色窄绸带1条，渐变紫色雪纱带1条，浅紫色细绸带2条，深紫色细格子绸带1条，浅紫色玉线1条，紫色铃铛大小各几颗，塑料插扣1对。

爱宠心情

紫色，最神秘最魅惑的颜色，兼具红色的热烈与蓝色的沉静，又显得那样优雅尊贵，还带着一丝朦胧的忧郁。这样的紫色，怎能不让人印象深刻？

如果你是这样偏爱紫色的人，那么不妨给自己的宠物也戴上一只紫色的项圈。哪怕是憨态可掬的可爱小狗，一旦佩戴上华丽的紫项圈，也会瞬间变成优雅的犬中"贵妇"。来吧！当我们的心情变换，色彩的组合也变得不一样起来。每一天都有新的惊喜，就像每一天睁开眼，就能看到一直在身边陪着你的爱宠宝贝。

给力步骤：

1.将制作所需的材料按照宠物所需要的尺寸进行测量裁剪。

2.使用打火机，将绸带烤边备用，这样可以防止绸带在制作过程中脱线，影响美观。

3.将绸带剪成宠物脖子所需要的长度，深紫色绸带有宽窄两种，所需长度相同，而渐变紫色雪纱带相对较短。

4.将三条绸带的两端都向内对折，然后用珠针固定。

5.将深紫色两种绸带用平针疏缝。

6.将线抽紧打结，然后将蝴蝶结的形状整理好。

7.将雪纱带用同样的方法进行平针疏缝。

8.同样将线抽紧打结，然后整理蝴蝶结的形状。

9.将雪纱带所做成的小蝴蝶结缝在深紫色绸带大蝴蝶结的上面。

10.取浅紫色细绸带，用一半的长度绕半个"8"字圈。

11.将另外一半对称处理，形成一个蝴蝶结状。

12.将其缝在刚做好的蝴蝶结上。

13.取一小段深紫色细格子绸带，打一个结。

14.用热熔胶将其固定在蝴蝶结中间。

15.将蝴蝶结缝在浅紫色螺纹带中间。

16.在背面用一小片不织布圆片加热熔胶加强固定，用玉线穿上铃铛装饰在螺纹带上。

17.在螺纹带的两端，安装上塑料插扣。

18.紫色魅惑的宠物项圈制作完成了。

※本作品制作由琪琪格手工坊提供

乐活
延伸

紫色代表着神秘、优雅、魅惑，渐变的颜色更能带给人视觉上的惊艳感受。如果想要表达其他的美丽，换一下配饰颜色就可以了！

成品图

麻豆示范

花时间：25分钟

成本：3元

乐活指数：★★★★★

惊艳指数：★★★★★

本书编委会名单

策划创意：牛雯 宋明静
罗燕 涂睿

编辑整理：于靓 张鹏慧
张涛 张薇薇
张兴 郑艳芹
张宜会 毛周
马绛红

摄影摄像：朱庆 朱庆玲
邹炳光 穆倩倩

设计排版：刘娟 胡蕾静
杨爱红 彭妍

美术指导：左雷雷 陈斯
陈涛 邵婵娟